# 自然

刘晓杰 ◎ 主编

吉林科学技术出版社

**图书在版编目（CIP）数据**

南极北极. 自然 / 刘晓杰主编. -- 长春 : 吉林科学技术出版社, 2021.8

ISBN 978-7-5578-6743-0

Ⅰ. ①南… Ⅱ. ①刘… Ⅲ. ①南极—儿童读物②北极—儿童读物 Ⅳ. ①P941.6-49

中国版本图书馆CIP数据核字(2019)第295088号

# 南极北极·自然

NANJI BEIJI · ZIRAN

主　　编　刘晓杰
出 版 人　宛　霞
责任编辑　周振新
助理编辑　郭劲松
封面设计　长春市一行平面设计公司
制　　版　长春市阴阳鱼文化传媒有限责任公司
插画设计　杨　烁
幅面尺寸　226mm×240mm
开　　本　12
字　　数　50 千字
印　　张　2
印　　数　6 000 册
版　　次　2021年8月第1版
印　　次　2021年8月第1次印刷

出　　版　吉林科学技术出版社
发　　行　吉林科学技术出版社
地　　址　长春市福祉大路5788号出版大厦A座
邮　　编　130118
发行部电话/传真　0431-81629529　81629530　81629531
81629532　81629533　81629534
储运部电话　0431-86059116
编辑部电话　0431-81629517
印　　刷　长春百花彩印有限公司

书　　号　ISBN 978-7-5578-6743-0
定　　价　19.90元

在南极和北极的冰雪世界，有着许许多多奇特的自然现象，比如极昼与极夜、绚丽多彩的极光、令人胆寒的风暴。

极昼和极夜是南极和北极地区特有的自然现象。极昼是指太阳 24 小时不落，天空总是亮的。极夜是指太阳 24 小时不会出现，天空总是黑的。因此极昼和极夜也被称为“永昼”和“永夜”。

在地球上，如果南极朝向太阳，南极点在半年之内会全是白天；同时，北极则见不到太阳，在半年之内全是黑夜。到了下半年则正好相反，北极全是白天，而南极是黑夜。在极圈内的地区，根据纬度的不同，极昼和极夜的持续时间也不同。

南极地区和北极地区虽然终年被白雪覆盖，气候寒冷，但这里也是有季节变化的。

作为地球上最冷的地区之一，在南极虽然能感受到季节的差异，但却没有四季之分，这里只有暖季和寒季。每年的春分日过后到秋分日，南极会出现极夜现象，这时就是南极的寒季。

每年的秋分日过后到第二年的春分日，南极会出现极昼现象，这时就是南极的暖季。这个时期也是科考专家们去南极科考的最佳时期。

北极的冬天非常漫长，通常从秋分日过后开始极夜现象持续到第二年春分日。这时期大部分北极的生物都处于冬眠状态。

5 月到 6 月份是北极的春季，这个时间段的北极处于一种万物复苏的状态，冬眠的动物渐渐醒来，南飞的候鸟也逐渐飞回这里。这个时候极夜现象消失，开始了极昼。

7月到8月的北极迎来了短暂的生机盎然的夏季，部分地区的冰雪在这个季节逐渐消融，北极苔原上的植物给寒冷的北极点缀上了清新的绿色。虽然是夏季，北极的平均气温也只有 -3℃左右。

9 月到 10 月的北极进入秋季，北极苔原渐渐褪去了绿色，冬眠的动物开始储备能量，来迎接即将到来的漫长的寒冬。秋季的尾声，也代表着极昼现象快结束了。

在其他地区，幻日是一种非常罕见的自然现象，可是在南极地区幻日却是种常见的现象。由于寒冷的南极空气中飘浮着大量的冰晶，当阳光照射到这些冰晶时就会折射出太阳的幻影。

乳白天空是南极的一种天气现象，也是南极洲的自然奇观之一。因为寒冷的南极云层中存在很多细小的雪粒，这些雪粒将阳光反复散射和反射，就会形成白蒙蒙的乳白色的天空，这时天地浑然一色。

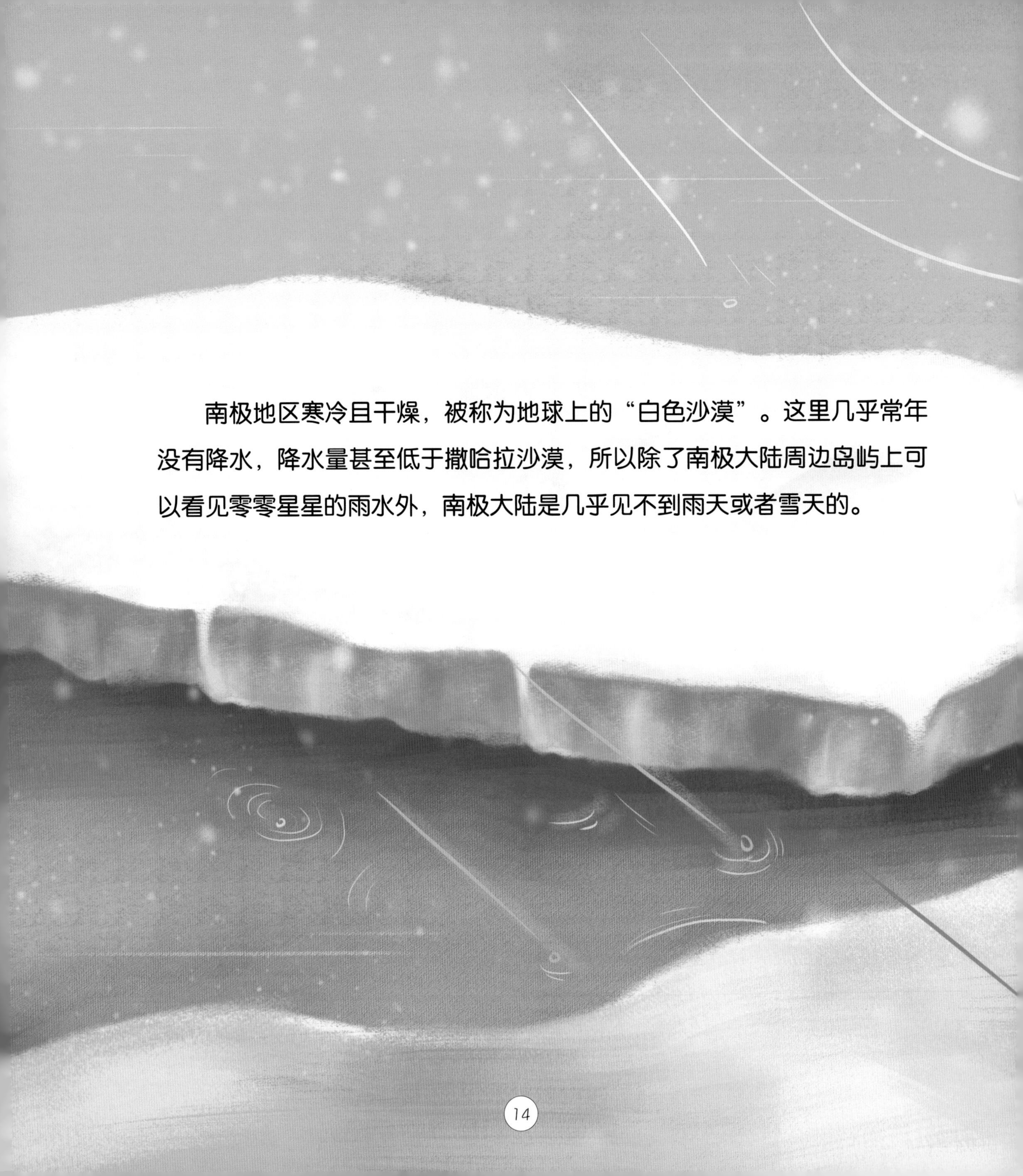

南极地区寒冷且干燥，被称为地球上的“白色沙漠”。这里几乎常年没有降水，降水量甚至低于撒哈拉沙漠，所以除了南极大陆周边岛屿上可以看见零零星星的雨水外，南极大陆是几乎见不到雨天或者雪天的。

南极被称为“地球的风极”，这里一年里有 300 天左右风力达到 8 级以上。风速非常快，破坏力远远强于台风，所以南极的科考队员中流传着这样一句话：南极的冷不一定能冻死人，南极的风却能杀人。

人们给南极风起了一个恐怖的外号叫“杀人风”。曾经有一名日本的科考队员在出行时遇上了南极风暴，整个人被风吹走，并卡在冰柱中失去了生命。

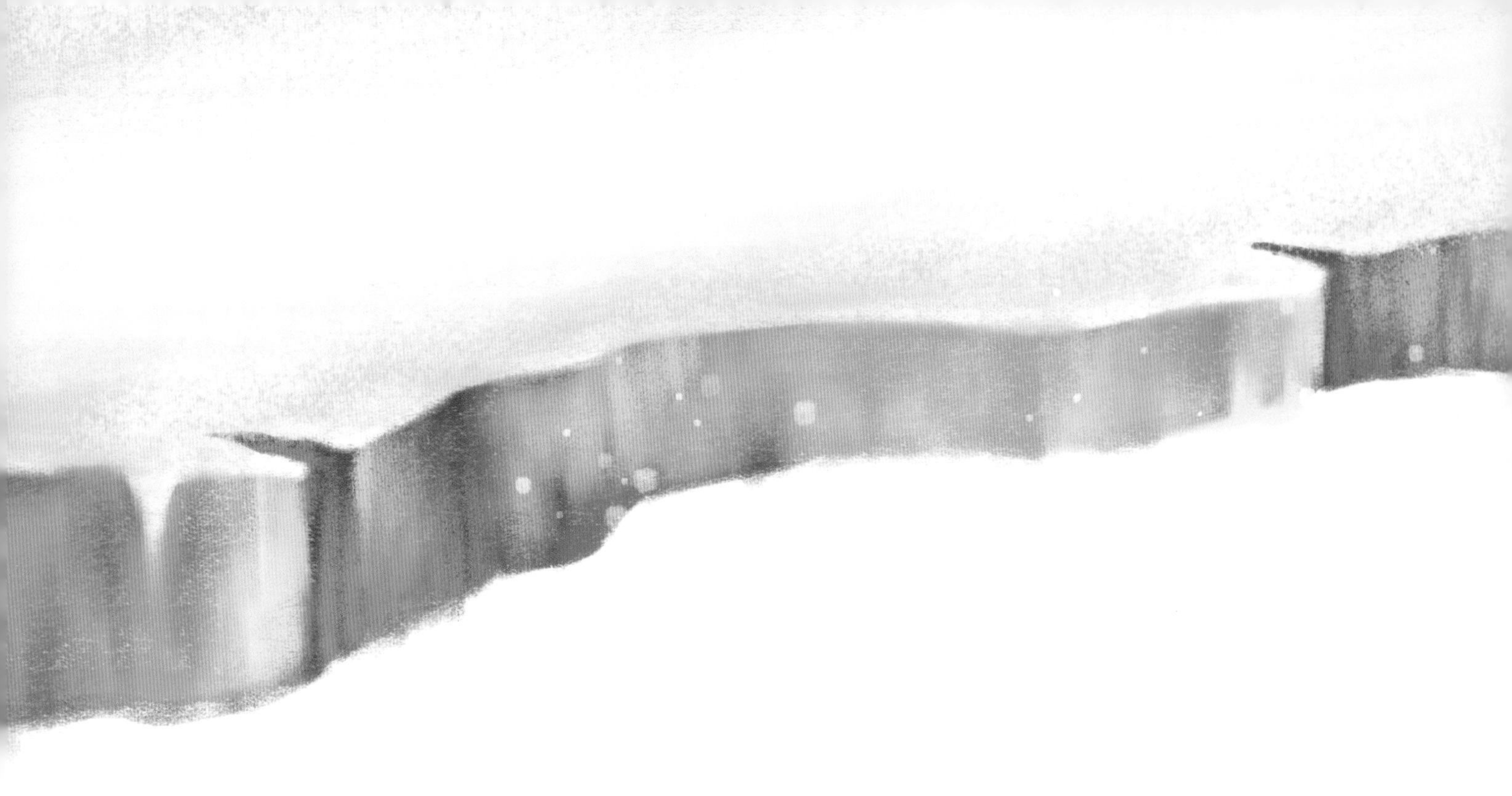

虽然南极地区非常干燥，几乎见不到雨雪天气，但是由于海冰和海水的蒸腾，这里经常出现海雾天气。这种海雾随机性很大，不好预测。2019 年的 1 月 19 日，我国的极地考察船“雪龙号”就由于浓雾的原因与冰山相撞，幸运的是没有人员伤亡。

科考人员在南极洲发现了许许多多大小不一的不冻湖。不冻湖是指周边环境气温达到了结冰点而不结冰的湖。虽然这种奇异的现象在其他地区也有出现，但是南极的不冻湖却是最令人不解的，因为南极内陆地区的平均气温为 –50℃左右，而有的不冻湖所处地方的气温可以达到 –60℃左右。

我们常说“水火不相容”，那么冰火就更加不相容了。然而在南极洲，冰川和火山却同时存在，这听起来似乎有点不可思议！目前南极大陆已经被发现的活火山有两座，一座在欺骗岛上，另一座在罗斯岛上。欺骗岛火山在1967年12月曾经喷发过一次，将当时建设在那里的科考站烧为了灰烬。

血瀑布是世界闻名的自然奇观之一，它位于南极大陆的麦克默多干谷地区，这里的一座冰川每隔一段时间就喷出红色的液体，从远处望去，仿佛一座流血的冰川，“血瀑布”也因此得名。

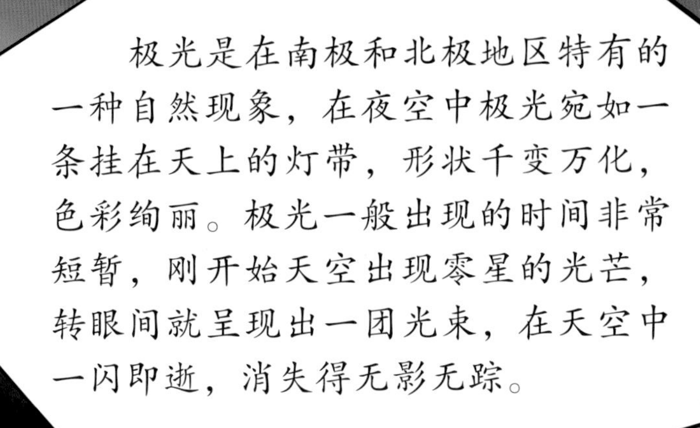


科学家按照极光不同的形状给极光分成了五个类型：底边整齐微微弯曲的圆弧状的极光，叫作极光弧；有弯扭折皱的飘带状极光，叫作极光带；如云朵一般的片朵状极光，叫作极光片；像面纱一样均匀的帐幔状的极光，叫作极光幔；沿磁力线方向的射线状的极光，叫作极光芒。

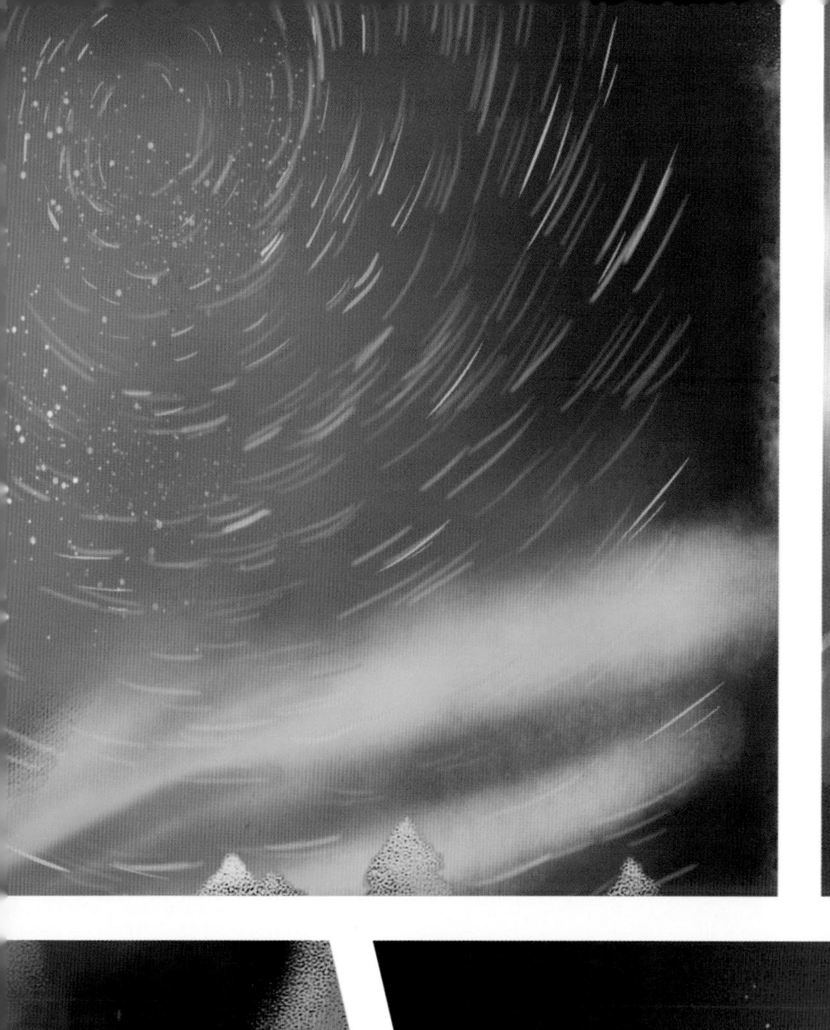

自古以来，人们一直流传着各种各样关于极光的传说，给极光这个奇异的自然现象又蒙上了一层神秘的面纱。而我国关于黄帝轩辕氏的传说则是对极光最早的传说和记载。

相传公元前 2700 年的一天，夜幕降临在神州大陆上，一名叫附宝的美丽少女独自坐在旷野之上，被这美丽的夜色深深地吸引住了。

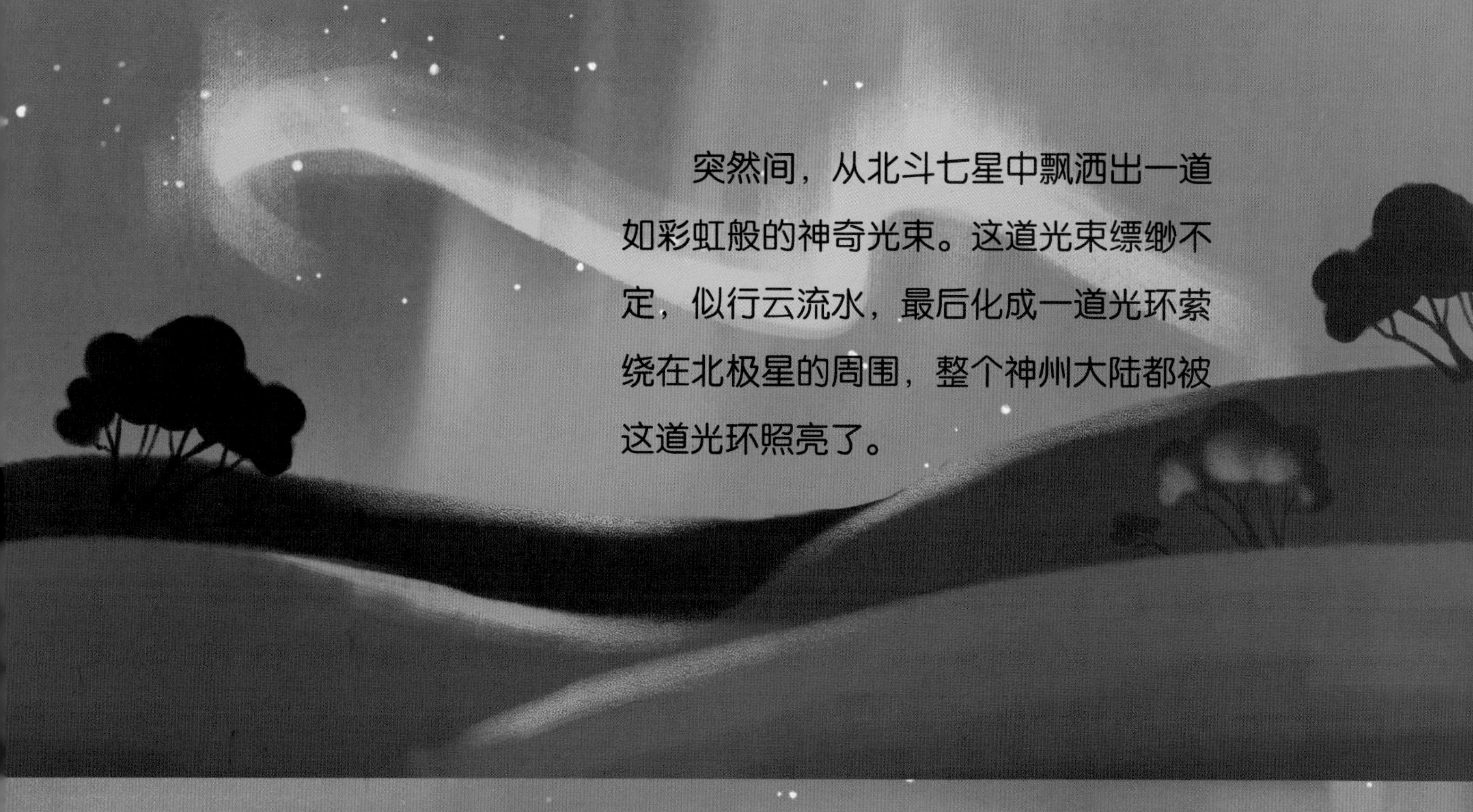

突然间，从北斗七星中飘洒出一道如彩虹般的神奇光束。这道光束缥缈不定，似行云流水，最后化成一道光环萦绕在北极星的周围，整个神州大陆都被这道光环照亮了。

附宝看见了这美丽景象，心中一动，随即便怀了一个孩子，而生下的这个男孩就是黄帝轩辕氏。

在南极的冰天雪地中居住着很多可爱的小动物，这些常年生活在南极的“居民”给南极这块冰雪荒漠带来了勃勃生机。